BEI GRIN MACHT SICH IHR WISSEN BEZAHLT

Angelina Schulz

Der Zusammenhang zwischen Struktur und Eigenschaften am Beispiel der Kunststoffe

Eine Unterrichtsstunde in der Klassenstufe 11

GRIN Verlag

Bibliografische Information der Deutschen Nationalbibliothek:

Die Deutsche Bibliothek verzeichnet diese Publikation in der Deutschen National-
bibliografie; detaillierte bibliografische Daten sind im Internet über http://dnb.d-
nb.de/ abrufbar.

Impressum:

Copyright © 2010 GRIN Verlag GmbH
Druck und Bindung: Books on Demand GmbH, Norderstedt Germany
ISBN: 978-3-640-82084-9

Dieses Buch bei GRIN:

http://www.grin.com/de/e-book/165926/der-zusammenhang-zwischen-struktur-
und-eigenschaften-am-beispiel-der-kunststoffe

GRIN - Your knowledge has value

Der GRIN Verlag publiziert seit 1998 wissenschaftliche Arbeiten von Studenten, Hochschullehrern und anderen Akademikern als eBook und gedrucktes Buch. Die Verlagswebsite www.grin.com ist die ideale Plattform zur Veröffentlichung von Hausarbeiten, Abschlussarbeiten, wissenschaftlichen Aufsätzen, Dissertationen und Fachbüchern.

Besuchen Sie uns im Internet:

http://www.grin.com/

http://www.facebook.com/grincom

http://www.twitter.com/grin_com

Entwurf zur ersten benoteten Lehrprobe im Fach Chemie

Thema:
- Der Zusammenhang zwischen Struktur und Eigenschaften am Beispiel der Kunststoffe -

Klasse: 11

Lehrplanabschnitt: Zusammenhang von chemischer Bindung, Struktur und
                        Eigenschaften bei ausgewählten Stoffen
Unterrichtseinheit: Synthetische Makromolekulare (Kunststoffe)

1 Bedingungsanalyse der Lerngruppe

1.1 Lernvoraussetzungen der Klasse
Im Chemiekurs 11 lernen 12 Schüler, 6 Mädchen und 6 Jungen.

Die meisten Schüler zeigen für das Fach Chemie reges Interesse. Dies zeigt sich am Interesse an neuen, unbekannten Themen, in dem Berichten von eigenen Erfahrungen und im Einbringen eigener Ideen und Materialien. Unter Berücksichtigung der Interessen und Vorkenntnisse ist es in der Regel gut möglich, die Schüler des Kurses zur Auseinandersetzung mit den gestellten Anforderungen zu motivieren.

Im Fach Chemie zeigen sich Unterschiede im Lern- und Leistungsstand der Schüler. Drei Schüler verfügen über eine gute Auffassungsgabe und können auch schwierige, komplexe Aufgaben ohne Probleme lösen. Alle diese Schüler zeichnen sich zusätzlich dadurch aus, dass sie jederzeit in der Lage sind, komplexe und richtige Antworten zu geben. Sie beteiligen sich aktiv, erfassen den Lehrstoff sehr schnell, bereiten sich auf jede Stunde gut vor und vertiefen oftmals den Lernstoff zu Hause. Dagegen brauchen einige Schüler oftmals individuelle Hilfen beim Lösen von schriftlichen Aufgaben und beim Experimentieren. Dagegen fällt es zwei mädchen schwerer, sich zu äußern. Um dem Verbalisieren von Ideen und Gedanken dennoch Raum im Unterrichtsgeschehen zu geben, werden regelmäßig Partner- und Kreisgespräche im Unterrichtsverlauf durchgeführt. Eine Vielzahl an Schülern besitzt mittleres Leistungsvermögen verbunden mit großem fachlichem Interesse. Sie versuchen sich, trotz manchmal falscher Antworten, ins Unterrichtsgespräch einzubringen und erledigen schriftliche oder kooperative Aufgaben meist zufrieden stellend. Gerade in Gruppenarbeitsphasen profitieren einige dieser Schüler aus der Zusammenarbeit mit den Leistungsstärkeren.

Besonders auffällig ist das unterschiedliche Arbeitstempo der Schüler. Die meisten Schüler der Klasse arbeiten in angemessenem Tempo. Nur zwei Schüler arbeiten des Öfteren noch sehr langsam. Um den Lernvoraussetzungen von Robert gerecht zu werden und auch bei ihm einen Lernzuwachs zu gewährleisten, werden die Sozialformen bewusst so gewählt, dass häufig Partner- und Gruppenarbeiten stattfinden, da durch Hilfestellungen der Mitschüler diese Beeinträchtigungen kompensiert werden können.

Die Schüler sind in der Lage, sich in Gruppenarbeitsformen Wissen selbstständig zu erarbeiten, dieses mit Gruppenmitgliedern abzugleichen und vor der Klasse zu präsentieren. Ich nutze offene Arbeitsformen wie Gruppenpuzzle, Lernen an Stationen, Lernzirkel,

Erstellen und Präsentieren von Lernplakaten in der Klasse schon seit Beginn meiner Lehrertätigkeit. Sie führten stets zu einer positiven Motivation und Arbeitsweise der Schüler. Dabei nutze ich die bestehenden freundschaftlichen Affinitäten, die sich auch im Sitzplan ausdrücken, bei der Gestaltung von Gruppenarbeitsformen. Es hat sich gezeigt, dass hier die besten Arbeitsergebnisse erbracht werden und das beste Arbeitsklima herrscht. Einige Schüler haben nicht nur eine sehr schnelle Auffassungsgabe, sondern erklären auch gern ihren Mitschülern den Unterrichtsstoff. Ich möchte dieses weiter im Unterricht fördern.

Ich variiere in Abhängigkeit vom Schwierigkeitsgrad und Sicherheitseinschränkungen zwischen Lehrer- und Schülerdemonstrationsexperimenten. Auch sind die Schüler im selbständigen Experimentieren (Schülerexperiment) geübt.

Die Arbeitseinstellung vieler Schüler unterliegt Schwankungen und ist nicht zuletzt auch von der Darbietungsform des Lehrers abhängig. Ich versuche diesem Aspekt durch eine abwechslungsreiche, lebensnahe und ansprechende Gestaltung des Unterrichts Rechnung zu tragen. Dabei ist es mir besonders wichtig, in jeder Stunde eine ansprechende Lernumgebung vorzubereiten, um die Schüler gleich von Beginn an neugierig auf den Stundeninhalt zu machen und die Lernzeit effektiv nutzen zu können. Entscheidend wirkt sich auf die Arbeitseinstellung der Schüler außerdem eine verständliche und klare Aufgabenstellung aus. Ich habe die Erfahrung gemacht, dass dabei schriftliche Aufgabenstellungen von Vorteil sein können.

Zu meiner Person haben alle Schüler ein gutes Verhältnis. Mir ist es wichtig, stets unvoreingenommen und freundlich auf jeden Schüler zuzugehen und ich bestrebe damit auch ein ähnliches Verhalten der Schüler meinerseits.

1.2 Räumliche und zeitliche Voraussetzungen

Die Unterrichtsstunde findet in der 8. Stunde am Donnerstag in der Zeit von 13.30-14.15 Uhr statt. Für das Fach Chemie stehen wöchentlich 2 Unterrichtsstunden zur Verfügung, die ich seit den Winterferien unter Anleitung unterrichte.

Der Unterricht findet im Chemieraum statt. Aufgrund der geringen Schülerzahl und der Raumgröße bestehen sehr gute Möglichkeiten zur variablen Tischanordnung, zum Einrichten von Gruppenarbeitstischen oder zum Präsentieren von Zusatzangeboten auf einem Extratisch. Die Ausstattung des Raumes ist gut. Es sind Gasanschlüsse an allen Schülerarbeitsplätzen vorhanden und in der Chemiesammlung stehen ausreichend Geräte und Chemikalien für Schülerexperimente zur Verfügung. Nicht so optimal für Experimentierarbeiten ist das Vorhandenseins nur eines Waschbeckens im gesamten Chemieraum. Des Öfteren ergeben sich deshalb bei Aufräumarbeiten Staus. Um dem entgegen zu wirken, können die Schüler ihre Arbeitszeit während der Erarbeitung selbst einteilen. Dabei entwickeln sie einen Blick für einen reibungslosen Ablauf und achten darauf, dass sich am Waschbecken nicht zu viele Personen befinden.

Die Tafel kann zur Veranschaulichung, Ergebnis- und Wissenssicherung genutzt werden. Zusätzlich können an einer Wandtafel Schülerarbeiten (Plakate, Zeichnungen etc.) ausgestellt werden.

Der Raum verfügt über einen dauerhaft vorhandenen Overhead-Projektor. Da kein Beamer fest installiert ist, muss des Öfteren auf ein portables Gerät zurückgegriffen werden. Ein fest installiertes Fernseh- und Videogerät befindet sich im Fachraum.

2 Didaktisch-methodische Überlegungen und Begründungen

2.1 Stellung der Stunde in der Stoffeinheit „Synthetische Makromolekulare"

Datum/ Stunde	Stundenthema	Stundeninhalt/ -ziel
22.04.10 Stunde 1	Die Vielfalt der Kunststoffe	• Definition Kunststoffe • die Bedeutung der Kunststoffe als alltäglicher Werkstoff • allgemeine Eigenschaften von Kunststoffen • Bildung synthetischer Makromolekularer aus Monomeren zum Polymer • unterschiedliche Einsatzmöglichkeiten der Kunststoffe
29.04.10 Stunde 2	**Der Zusammenhang zwischen Struktur und Eigenschaften am Beispiel der Kunststoffe**	• **Betrachtung der intermolekularen Wechselwirkungen** • **Struktur und Eigenschaften synthetischer Makromolekularer** • **Untersuchen einiger Eigenschaften makromolekularer Stoffe** • **Einteilung der Kunststoffe in Thermoplaste, Duroplaste und Elastomere** • **Verwendungsbeispiele**
06.05.10 Stunde 3	Herstellung von Polymeren	• Bildung synthetischer Makromolekularer aus Monomeren durch Polymerisation, Polykondensation, Polyaddition • Durchführung eines Experiments zur Darstellung eines synthetischen Stoffes (z.B. Nylon)
06.05.10 Stunde 4	Kunststoffe und Umwelt	• Verwertungsmöglichkeiten • Vor- und Nachteile des Kunststoffrecyclings

2.2 Auswahl und Begründung der Lernziele

Die geplante Unterrichtsstunde ist Teil einer größeren Unterrichtseinheit „Natürliche und Synthetische Makromolekulare". Während dieser Unterrichtseinheit wird neben den Themen Fette, Kohlenhydrate und Eiweiße auch der vielfältige Umgang mit Kunststoffen in den Mittelpunkt gestellt. Dabei sollen die Schüler einerseits anhand ausgewählter Kunststoffe Bildung, Struktur und Eigenschaften kennen lernen, andererseits sollen sie Eigenschaften makromolekularer Stoffe experimentell untersuchen.

Gegenstand der vorgestellten Unterrichtsstunde ist die experimentelle Untersuchung ausgewählter Eigenschaften bestimmter Kunststoffe und die Erfassung des Zusammenhangs zwischen makromolekularer Struktur und Eigenschaften. Dabei lernen die Schüler den Unterschied zwischen Thermoplasten, Duroplasten und Elastomeren kennen.

In der Stunde sind folgende Lernziele intendiert:

Lernziele:
- **Die Schüler erfassen durch selbstständige Auseinandersetzung mit Versuchen und Aufgaben den Zusammenhang zwischen makromolekularer Struktur und Eigenschaften von Kunststoffen.**
- **Die Schüler kennen die Einteilung der Kunststoffe in Thermoplaste, Duroplaste und Elastomere, ihre typischen Eigenschaften und Verwendungsmöglichkeiten.**

Ziel ist es, das Thema Kunststoffe für den Unterricht experimentell optimal zugänglich zu machen. Dabei wird als Schwerpunkt die Betrachtung von Struktur-Eigenschaftsbeziehungen gewählt. Die Schülerexperimente werden in Partnerarbeit oder in Gruppenarbeit vorgenommen, die zweifellos beim Erreichen und Zusammentragen der Ergebnisse einen Beitrag zur Kommunikation leistet.

Kunststoffe sind Werkstoffe, mit denen jeder Mensch täglich in Verbindung kommt. Chemisch gesehen sind Kunststoffe Makromoleküle, die aus einfachen monomeren Bausteinen aufgebaut sind. Für die Experimente werden selbstverständlich nur solche Materialien eingesetzt, die nach der Gefahrstoffverordnung für Schülerversuche ab Sekundarstufe I zugelassen sind. Eine bewusst gewählte Eigenschaft der eingesetzten Experimente ist die Schnelligkeit, mit der sie mit leicht zugänglichen Substanzen ablaufen. Dieser Sachverhalt ermöglicht den flexiblen Einsatz im Unterricht, wobei sich eine Breite von methodischen Möglichkeiten anbietet. Die jedem Versuch beigegebene, ausführliche fachliche Erklärung gestattet zum einen eine didaktisch reduzierte Deutung, entsprechend dem Kenntnisstand eines Oberstufenkurses mit grundlegenden Anforderungen; zum anderen gibt der Anteil an anspruchsvoller theoretischer Begründung Möglichkeiten der Differenzierung und den gewinnbringenden Einsatz der Experimente für leistungsstarke Schüler.

Kunststoffe sind aus unserem Alltag kaum mehr wegzudenken, denn sie bestimmen unser tägliches Leben so allgegenwärtig und vielfältig „von der Wiege bis zur Bahre" wie keine andere Stoffgruppe: Sei es als Nässeabsorber in Windeln, als Spielzeug, als Bekleidung, in Haushaltsgeräten, als Sportgeräte, im Auto- und Motorradbau oder im medizinischen Bereich, vom OP-Faden bis zum künstlichen Herzen, in allen Bereichen der Technik und des Bauwesens. Aus dieser Zusammenstellung geht hervor, dass das Thema Kunststoffe heute zum unverzichtbaren Inhalt eines modernen Chemieunterrichts geworden ist. Damit verfolgt das Stundenthema einen schülerorientierten Ansatz: Der Inhalt entspringt der Lebenswirklichkeit der Schüler, er knüpft an die Erfahrungswelt der Schüler an. Damit ist eine wichtige Forderung aus dem Thüringer Lehrplan erfüllt: Eine wesentlicher Aspekt für guten Unterricht ist die Gestaltung eines lebensverbundenen Unterrichts, insbesondere durch die Anknüpfung an die Erfahrungswelt der Schüler und durch Anschaulichkeit und Fasslichkeit.[1]

Zudem zeichnen sich synthetische Makromoleküle, zumindest was die Theorie betrifft, durch eine einfache Chemie aus. Dadurch bekommen Schüler eine gute Chance, Verständnis für chemische Reaktionen zu entwickeln und zu vertiefen. Hinzu kommt, dass das Thema „Kunststoffe" einen Unterrichtsgegenstand bildet, an dem sich Analyse, Synthese, Struktur-Eigenschafts-Beziehungen, Recycling und Umweltprobleme an der gleichen Stoffgruppe zeigen lassen.

Die formelle Bestätigung seiner Bedeutung erfährt die Unterrichtseinheit Kunststoffe durch die Richtlinien (2009), die für die Qualifikationsphase der gymnasialen Oberstufe eine obligatorische Behandlung dieses Gebietes festschreiben.[2]

Auch die Bildungsstandards der Kultusministerkonferenz, die der bundesweiten Vereinheitlichung der Bildungsansprüche dienen sollen, lassen sich durch den Unterrichtsinhalt Kunststoffe vollkommen erfüllen.

---

[1] Thüringer Lehrplan, S. 6
[2] Lehrplan Chemie, Ergänzung, S. 16

Ziel der Stunde ist es, die Schüler mit dieser wichtigen Stoffgruppe ihres Alltags auf der Basis einfacher Experimente vertraut zu machen. Einfache Experimente, die rasch zum Ergebnis führen, werden in der Oberstufe erfahrungsgemäß sehr geschätzt. Damit soll ihnen zu einem partiellen, fachwissenschaftlich fundierten Einblick in die facettenreiche Welt der Kunststoffe verholfen werden. Modellexperimente, die den deutlichen Zusammenhang zwischen Struktur und Eigenschaften von Kunststoffen zeigen, bilden einen Hauptpfeiler der Stunde. Durchführen, Beobachten und Auswerten von Experimenten sind einige der wichtigsten anzustrebenden Fähigkeiten der Methodenkompetenz.[3] Ebenso bewirkt die Fähigkeit, sich Wissen materialgebunden zu erarbeiten, eine vertiefte Auseinandersetzung durch selbständige Wissenskonstruktion. Selbstständige Erarbeitung zeigt dem Schüler die Bedeutung der eigenen Lernaktivität auf. Er fühlt sich mehr für den eigenen Lernprozess verantwortlich und lernt diesen bewusst zu steuern (Entwicklung von Selbstkompetenz). Durch Auseinandersetzung mit Mitschülern kann ebenso wie beim Experimentieren der Grad des Verstehens vertieft und die soziale Kompetenz (z.B. ausreden lassen, gegenseitiges Respektieren, Gesprächsregeln) ausgebaut werden.

Vorbedingung jeglicher erfolgreichen Umsetzung eines Inhalts im Unterricht ist die Motivation der Lernenden. Das Interesse an medial perfekt dargebotenen chemischen Experimenten hat bei den Schülern eine gewisse Sättigungsgrenze erreicht.[4] Stattdessen beobachtet man immer stärker, dass eigenständig ausgeführte Versuche wieder stärker gefragt sind. Offensichtlich bestätigt das Prinzip „Learning by Doing" weiterhin seine lernpsychologische Richtigkeit. Das Gebiet der Kunststoffe bietet sich für Schülerversuche an.

Der Einsatz eines Experimentes bedarf einiger Vorüberlegungen, bevor es zum Einsatz im Unterricht kommen kann. Folgende Auswahlkriterien für die Zusammenstellung der in der Unterrichtsstunde waren für mich maßgebend:

- die Zulassung der eingesetzten Chemikalien für Schülerversuche in Übereinstimmung mit der aktuellen Gefahrstoffverordnung[5]
- der geringe zeitliche Aufwand zur Ausführung
- die Durchführbarkeit ohne nennenswerte apparative Ausstattung
- der problemlose Zugang zu den Ausgangsstoffen
- die Möglichkeit des didaktisch sinnvollen Einsatzes des Experimentes, je nach Auswahl der jedem Versuch beigegebenen, fachlich adäquaten Erklärung

---

[3] Thüringer Lehrplan, S. 8
[4] Kunststoffe im Unterricht, Aulis Deubner, S. 21
[5] GUV-SR 2004

Aus Kosten-, Entsorgungs- und Sicherheitsgründen sind die Stoffportionen möglichst klein gehalten.

Zur Durchführung der Versuche setze ich voraus, dass die üblichen Sicherheitsvorschriften, wie das Tragen einer Schutzschürze und einer Schutzbrille, selbstverständlich eingehalten werden.

2.3 Begründung der didaktisch-methodischen Entscheidungen

Ich habe zur Realisierung der Lernziele eine Vorgehensweise gewählt, die die Schüleraktivität in allen Unterrichtsphasen in den Vordergrund stellt. Die Schüler werden über verschiedene Sinne angesprochen und zu unterschiedlichen Aktivitäten motiviert. Dazu zählen das materialgebundene Erarbeiten, das Experimentieren und die Arbeit mit dem Partner, die Möglichkeit der Selbstkontrolle, das Präsentieren der Ergebnisse sowie das Unterrichtsgespräch. Meine Lehrerrolle definiert sich weniger als Wissensvermittler, sondern vielmehr als Gestalter von geeigneten Lernarrangements – dieses bedarf einer umfangreichen Vorbereitung der Lernumgebung. Mir ist es wichtig, den Lernprozess in der Stunde als Beobachter und Moderator zu begleiten und bei Schwierigkeiten Hilfestellungen zu geben.

Um die Schüler auf den Stundeninhalt einzustimmen und für die Auseinandersetzung mit dem Thema zu motivieren, nutze ich zwei verschiedene Lerneingangskanäle – den auditiven und visuellen Kanal. Die vorbereitete Lernumgebung führt die Schüler zum Thema der Unterrichtsstunde. Im Chemieraum befinden sich bereits vielfältige Kunststoffe aus dem alltäglichen Leben. Diese sind vorn auf dem Lehrertisch, aber auch an den Seiten des Raumes und an den einzelnen Experimentierstationen aufgereiht und machen auf das Stundenthema neugierig. Erfahrungsgemäß ist es so, dass sich die Schüler bereits vor Stundenklingeln schon mit der Lernumgebung vertraut machen, alle bereit gestellten Gegenstände inspizieren und sich oftmals sogar schon in die ausgelegten Experimentieranweisungen einlesen. Die vorbereitete Lernumgebung stimmt die Schüler bestens auf die bevorstehende Stunde ein.

Nach dem Stundenklingeln erhalten die Schüler die Möglichkeit, ihr Vorwissen über Kunststoffe zu reaktivieren und einzubringen. In Partnerarbeit sollen die Schüler die verschiedne Impulse an der Tafel (Abbildungen, Zitate, Lücketexte etc.) nutzen, um mit dem Nachbarn eine Mind-Map zu erstellen. Die Mind-Map-Technik erscheint mir an dieser Stelle sehr geeignet, da sie als Art Brainstorming die wichtigsten Erkenntnisse zu Kunststoffen aus der letzten Stunde zusammenfasst und strukturiert. Außerdem kann die Ideensammlung immer wieder von beiden Partnern ergänzt werden. Unterstützt und angeregt wird dieser

Prozess der Begriffsammlung durch ein eingespieltes Video, das noch einmal die wichtige und kaum mehr wegzudenkende Bedeutung von Kunststoffen im Alltag zeigt. Anschließend soll in einer Antwortkette unter Einbezug der Impulse jeder Schüler eine Aussage zum Thema Kunststoff treffen. Somit wird eine umfassende Wiederholung des bereits behandelten Unterrichtsstoffes erreicht. An dieser Stelle wäre es auch möglich, dass eine Zweiergruppe ihre Mind-Map an die Tafel zeichnet und dazu erläuternd spricht, aus Zeitgründen habe ich mich jedoch für die Antwortkette entschieden. So werden auch schon alle Schüler in das Unterrichtsgespräch eingebunden und aktiv am Unterrichtsgeschehen beteiligt.

In einem anschließenden Lehrerdemonstrationsexperiment werden die Schüler erstmalig über Struktur-Eigenschafts-Beziehungen informiert und somit gezielt auf das Stundenthema gelenkt. Dazu werde ich einen Trinkbecher (Thermoplast) und eine Steckdosenfassung (Duroplast) parallel erhitzen. Das Fehlen einer Netzstruktur ist für Thermoplaste kennzeichnend und bedingt die Verformbarkeit. Die Eng- und Weitmaschigkeit des Netzes entscheidet darüber, ob es sich um einen Duroplast oder ein Elastomer handelt. Mehr soll an dieser Stelle nicht aus den Darstellungen herausgelesen werden. Bevor das Experiment durchgeführt wird, können die Schüler in einer Vermutungsphase Vorhersagen über das Verhalten des Materials treffen. Alternativ käme auch ein Lehrervortrag über die Einteilung der Kunststoffe in Frage, aber die Variante mit der zusätzlichen Visualisierung mithilfe eines Experimentes erscheint mir geeigneter.

Aus diesem Gespräch leite ich die Zielorientierung ab und erläutere die Vorgehensweise für diese Stunde. Hierbei muss noch auf einige Sicherheitsaspekte hingewiesen werden, wie das Tragen einer Schutzbekleidung. Da über das Experiment hinaus weitere Phasen der selbstständigen Schülerarbeit folgen sollen, wird mit Hilfe der Tafel eine kurze Übersicht über den Verlauf der Stunde gegeben. Ein wichtiger Anhaltspunkt für die Schüler ist dabei die Zeitvorgabe zu den einzelnen Unterrichtsphasen und die Bildung der Gruppen. Die Arbeitszeiten der einzelnen Phasen sind als Maximalzeiten zu verstehen. Sind Schüler bereits früher fertig, so kann im Sinne der Differenzierung mit einer Zusatzstation begonnen werden. Die Struktur der Stunde ist für die Schüler transparent, sie wissen zu jeder Zeit, was von ihnen verlangt wird, welche Lernziele erreicht werden sollen und wo die Stunde enden soll.

Bei der Bildung der Gruppen greife ich auf bereits „etablierte" Arbeitsgruppen zurück, die durch freundschaftliche Beziehungen bestehen und sich auch Sitzplan ausdrücken. Es hat sich gezeigt, dass hier die besten Arbeitsergebnisse erbracht werden und das beste Arbeitsklima herrscht.

In der sich anschließenden Arbeitsphase experimentieren die Schüler in Zweiergruppen an ihrer zugewiesenen Station. Die vorbereitete Stationsarbeit gibt den Schülern die Möglichkeit in selbstständiger Auseinandersetzung mit Versuchen und Aufgaben ein Verständnis für den Zusammenhang zwischen Struktur und Eigenschaften der Kunststoff zu erlangen. Die Stationsarbeit schafft damit Voraussetzungen für eine spätere vertiefende Beschäftigung mit speziellen Themen wie „Kunststoff-Herstellung" oder „Kunststoff-Recycling". Die Stationsarbeit umfasst 3 Stationen entsprechend der Dreiteilung der Kunststoffe. Alle Stationen sind doppelt aufgebaut, sodass jeweils zwei Schüler ein Experiment durchführen können. Es ist zu erwarten, dass sich Station 1 und 2 schneller experimentell bearbeiten lassen, als Station 3. Daher besteht die Möglichkeit für fertig werdende Schüler ein weiteres Experiment (Superabsorber) durchzuführen. Die Faszination dieses Experimentes liegt im konkreten Alltagsbezug (Superabsorber als Bestandteil von Windeln) und der enormen Saugkraft dieses Kunststoffes. Zusätzlich stehen auf einem Infotisch im Sinne der Differenzierung für interessierte Schüler weiterführende Literatur und Prospekte zum Mitnehmen zur Verfügung.

Station 1 „Thermoplaste" wird von Benjamin, Phillipp, Robert und Sascha bearbeitet. Sie werden kleine „Schmelzspinnen" eines Polyesters herstellen. Das Bearbeiten dieser Station im Vergleich zu den anderen Stationen stellt die geringste Herausforderung dar und ist sowohl theoretisch und experimentell leicht zu erschließen. Auch später in der Präsentation ist dieser Bereich sicherlich einfacher zu erklären als die zwei anderen Stoffgruppen.

Anna, Cindy, Lisa und Jenny werden sich mit der Stoffgruppe der Durplasten näher auseinander setzen. Dazu werden sie ein Experiment durchführen, dass die zwei Gruppen Thermoplast und Duroplast gegenüberstellt. Zwei unterschiedliche Kunststoffe (PET-Flasche und Stück aus Föhnaufsatz) werden erhitzt. Aus dem Verhalten beim Erhitzen lassen sich Rückschlüsse auf die Struktur ziehen. Schmilzt ein Kunststoff, so liegen lineare, wenig verzweigte Kunststoffmoleküle vor, in der Regel ein Thermoplast. Duroplasten dagegen lassen sich nicht schmelzen, sie verkohlen bei höheren Temperaturen bedingt durch ihre engmaschig verknüpfte Molekülstruktur.

Johannes, Sophie, Lisa und Max durchdringen inhaltlich und experimentell die Chemie und das typische Verhalten von Elastomeren. Das Experiment (Luftballonspießchen) verlangt viel Fingerspitzengefühl und handliches Geschick. Die theoretische Begründung auf dem Arbeitsblatt ist anspruchsvoll und verlangt von diesen Schülern chemisches Verständnis und abstraktes Denkfähigkeit. In die Stoffklasse der Elastomere würde sich auch sehr gut das bei Schülern beliebte Experiment „Herstellen eines Flummis" integrieren lassen. Auf beeindruckende Weise wäre erfahrbar, dass sich Kunststoffe (Holzleim Ponal) durch Zusatz anderer Stoffe (Boraxlösung) zu weitmaschig vernetzten Molekülketten verknüpfen lassen und somit elastische Eigenschaften hervorgerufen werden können. Seit 2008 schreibt die

Gefahrstoffverordnung jedoch vor, dass Schülerexperimente mit Borax nicht mehr durchgeführt werden dürfen, da es in Verdacht steht krebserzeugend, erbgutverändernd und fortpflanzungsgefährdend zu sein. Die Suche nach Alternativexperimenten gestaltete sich zunächst schwierig, da in der Literatur nur wenig Schülerexperimente mit elastischen Stoffen aufgeführt sind. Das Luftballon-Experiment müsste aber auch mithilfe der fachlichen Erklärung zum Verständnis der Struktur-Eigenschafts-Beziehungen beitragen.

Die Differenzierung erfolgt quantitativ im Umfang des Informationstextes und qualitativ im Schwierigkeitsgrad des Textes. Der Text wird für jede Gruppe so aufbereitet, dass er entsprechend dem Leistungsvermögen mehr oder weniger kognitive Denk- und Verstehensleistungen von den Schülern verlangt. Die jedem Versuch beigegebene, ausführliche fachliche Erklärung gestattet zum einen eine didaktisch reduzierte Deutung, entsprechend dem Kenntnisstand eines Oberstufenkurses mit grundlegenden Anforderungen; zum anderen gibt der Anteil an anspruchsvoller theoretischer Begründung Möglichkeiten der Differenzierung und den gewinnbringenden Einsatz der Experimente für leistungsstarke Schüler.

Als Alternative könnten diese Arbeitsschritte auch, wie in der Stunde davor, nur als laminierte Themenkarten an der jeweiligen Station präsentiert werden. Ich habe mich jedoch bewusst für das Aushändigen der Arbeitsblätter entschieden, da den Schülern die Möglichkeit eingeräumt werden soll, sich zum Lesen und Bearbeiten des Informationstextes zurückziehen zu können. Zur Kontrolle befinden sich am Lehrertisch Kontrollblätter, die dort eingesehen werden können. Diese Form der Selbstkontrolle soll jedoch nur ein Angebot sein und muss nicht von jedem Schüler zwangsweise genutzt werden. Unsichere Schüler können nachschauen, die anderen haben Vertrauen in ihre eigenen Ausarbeitungen. Diese Form der Selbstkontrolle ist den Schülern vertraut.

Anschließend bereiten sich die Schüler auf ihre Präsentationen vor, dabei können sie selbst entscheiden, ob sie lieber zu zweit oder in der Gruppe (zu viert) präsentieren wollen. Paarweise oder zu viert werden dann die Stationen vorgestellt und die wichtigsten Erkenntnisse auf Plakaten präsentiert. Für die Ergebnissicherung finden die Schüler in ihrem Materialhefter eine leere Übersicht zur Dreiteilung der Kunststoffe, in die sie die wichtigsten Aussagen der Gruppen eintragen können.

Die Stunde klingt mit einer Rückbesinnung aus. Im Unterrichtsgespräch wird die Stunde noch einmal zusammengefasst. Während die Schüler die erreichten Ziele einschätzen, werde ich mich stärker auf Arbeit beim Experimentieren und die Arbeit in der Gruppe konzentrieren. So erhalten die Schüler eine umfassende Rückmeldung über ihren Lernerfolg. Als didaktische Reserve ist ein kleines Quiz im Sinne einer Festigung „Kannst du es?!" vorgesehen.

3 Tabellarische Verlaufsplanung

Verlaufsplanung

Schule: Albert – Schweitzer – Gymnasium Sömmerda

Datum: 29.04.10   Klasse: 11   Zeit: 13.30-14.15Uhr   Fach: Chemie

Thema: **Der Zusammenhang zwischen Struktur und Eigenschaften am Beispiel der Kunststoffe**

Lernziele:
- Die Schüler erfassen durch selbstständige Auseinandersetzung mit Versuchen und Aufgaben den Zusammenhang zwischen makromolekularer Struktur und Eigenschaften von Kunststoffen.
- Die Schüler kennen die Einteilung der Kunststoffe in Thermoplaste, Duroplaste und Elastomere, ihre typischen Eigenschaften und Verwendungsmöglichkeiten.

Zeit	Didaktische Funktion	Lehrer-Schüler-Tätigkeiten	Sozialform	Medien
13.30 Uhr 15´	Reaktivierung	- **Impulskette** (Bilder, Molekülstrukturen, Zitate, Karikaturen; Realien; Video) zu Kunststoffen - Erstellen einer **Mind-Map** mit dem Nachbarn → Anknüpfung an das Vorwissen der Schüler - **Antwortkette:** jeder Schüler trifft eine Aussage zum Thema Kunststoffe	Partnerarbeit	Tafel, Applikationen, mitgebrachte Kunststoffe, Video
	Hinführung zum Thema	- **LDE: Erhitzen eines Thermoplasten und eines Duroplasten, elastische Verformung eines Elastomeren** - vorher Vermutungsphase, Vorhersagen über das Verhalten des Materials	Unterrichtsgespräch Unterrichtsgespräch	Experiment
	Zielorientierung	Die unterschiedliche Struktur von Kunststoffen bestimmt die Eigenschaften. - L. informiert über Thema und Ablauf der Stunde, Einteilung der Gruppen und Übergabe der Arbeitsaufträge und Präsentationsaufgaben - Vorstellen der Stationen		

13

Zeit	Phase	Inhalt	Sozialform	Material
13.45 Uhr 15´	**Erarbeitung**	- **arbeitsteilige Gruppenarbeit:** Schüler erarbeiten sich in Zweiergruppen in selbstständiger Auseinandersetzung mit Experimenten und Aufgaben die typische Struktur, die Eigenschaften und die Verwendung ihrer Kunststoffgruppe: **Bearbeitung des Arbeitsblattes** → **Schwerpunkte** sind die 3 Gruppen der Kunststoffe, ihre typische Molekülstruktur, ihre Eigenschaften, ihre Verwendung und Bedeutung → Experimentierbereich umfasst insg. **3 Stationen**, wovon jedoch von jedem Schüler nur eine bearbeitet werden muss (wird vorher festgelegt) → alle Stationen sind doppelt aufgebaut, damit es nicht zu zeitlichen Verzögerungen kommt **Station 1:** Thermoplaste **Station 2:** Duroplaste **Station3:** Elastomere **Zusatzstation:** Superabsorber in Windeln	Partnerarbeit Schülerexperimente	Arbeitsblätter Chemikalien für Experimente Materialkarten Laptop
	Vorbereitung der Präsentationen	- wahlweise **Gruppenarbeit oder Partnerarbeit:** die Schüler bereiten sich auf ihre Präsentationen vor, dabei können sie selbst entscheiden, ob sie lieber zu zweit oder in der Gruppe (zu viert) präsentieren wollen - L. stellt Materialien zur Verfügung (Plakate, Stifte etc.)	Gruppenarbeit	Flipcharts Edding
14.00 Uhr 15´	**Ergebnissicherung**	- **Präsentation der Schülergruppen:** paarweise oder zu viert werden die Kunststoffgruppen mit den jeweiligen Versuchen vorgestellt und die wichtigsten Erkenntnisse auf Plakaten präsentiert - Festhalten der Struktur, Eigenschaften und Verwendung auf einem **Arbeitsblatt**	Schülergespräch	Arbeitsblatt
14.15 Uhr	Festigung (didaktische Reserve)	- **Kannst du es?!** – ein kleines Quiz	Unterrichtsgespräch	Arbeitsblatt

4 Anhang

Unterrichtsmaterial

A: Arbeitsblatt „Thermoplaste"

B: Arbeitsblatt „Duroplaste"

C: Arbeitsblatt „Elastomere"

D: Zusatzangebot: SE Superabsorber

E: Arbeitsblatt Ergebnissicherung „Die Einteilung der Kunststoffe"

F: Tafelbild

Themenkarte Station 1

Die Struktur bestimmt die Eigenschaften
Thermoplaste

Unter Kunststoffen versteht man allgemein Werkstoffe, die aus organischen Makromolekülen aufgebaut sind. Nach ihrem Verhalten beim Erwärmen und ihrer Reaktion auf Druck und Zug unterteilt man Kunststoffe in drei große Gruppen: Thermoplaste, Duroplaste und Elastomere.

Die meisten anorganischen und organischen Verbindungen haben eine charakteristische Schmelztemperatur. Viele Kunststoffe erweichen dagegen allmählich und gehen in einem größeren Temperaturbereich vom festen in einen zähflüssigen Zustand über. Solche Kunststoffe bezeichnet man als **Thermoplaste**. Das langsame Erweichen beim Erhitzen lässt sich auf die Struktur der Thermoplaste zurückführen. Sie bestehen aus langkettigen, linearen oder wenig verzweigten Makromolekülen. Zwischen den Molekülen wirken Wasserstoffbrückenbindungen oder van-der-Waals-Kräfte. Wird der Kunststoff erwärmt, so geraten die Makromoleküle in Schwingungen, wobei die Anziehungskräfte allmählich überwunden werden. Die Makromoleküle können aneinander vorbei gleiten, der Theromplast erweicht und schmilzt schließlich. Beim Abkühlen erhärtet dieser Kunststoff wieder und behält die neue Form. Solche Vorgänge des Erweichens und Erhärtens können beliebig oft wiederholt werden.

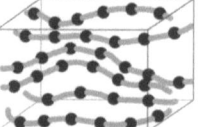

Polyethenterephtalat	Polyvinylchlorid	Polyethylen	Polyester	Polystyrol
PET	**PVC**	**PE**		**PS**

Kunststoffe sind _____, die aus _____ aufgebaut sind. Nach den thermischen und mechanischen Eigenschaften unterscheidet man _____, _____ und _____.

Aufgabe 1: Die Eigenschaften eines Thermoplasten

Versuch: **Schmelzspinnen eines Polyesters**
Mit Hilfe der Schere schneidet man aus dem Verpackungsmaterial einer PET-Flasche ein etwa 10 cm² großes Stück aus. Man zerlegt dieses in ca. 10 ungefähr gleich große Quadrate und breitet diese flach in der Aluschale eines Teelichtes aus. Mit Hilfe der Tiegelzange hält man das Alu-Schüsselchen mit den PET-Stücken etwa 1 cm über eine Teelichtflamme und erhitzt, bis das PET zähflüssig wird (Dauer 1-2 Minuten). Mit dem Holzstab lassen sich dann recht lange Fäden daraus ziehen. Es gilt durch ständiges Probieren mit dem Holzstab den günstigsten Erweichungsrad zu ermitteln und während dieses Zustands einen Faden zu ziehen.

Aufgabe 2: Die Struktur der Thermoplaste bestimmt die Eigenschaften
Bereitet in eurer Gruppe einen kleinen Vortrag vor. Gestaltet für eure Präsentation ein Plakat.
Folgende Aspekte sollen genannt oder gezeigt werden:
- Strukturausschnitt eines Thermoplasten
- typische Eigenschaften von Thermoplasten
- typische Beispiele aus dem Alltag
- kurze Beschreibung des Versuches und Ergebnis

Lösung Station 1

Kunststoffe sind **Werkstoffe**, die aus **Makromolekülen** aufgebaut sind. Nach den thermischen und mechanischen Eigenschaften unterscheidet man **Thermoplaste, Duroplaste** und **Elastomere**.

Aufgabe 1: Die Eigenschaften eines Thermoplasten

Versuch 1:   **Schmelzspinnen eines Polyester**

Erklärung: Polyethylenterephtalat (PET) ist ein glasklarer, farbloser Thermoplast und gehört heute zu den Kunststoffen mit den größten globalen Marktanteilen. Verwendung findet PET bevorzugt auf dem Flaschenmarkt und als Synthesefaser. PET ist zu 100% recyclebar: Die Getränkeflaschen lassen sich mehrfach benutzen, da sie leicht zu reinigen sind und zu neuen Flaschen wiederverwertet können.

Die lineare Struktur der Moleküle dieses Thermoplasten bedingt das Schmelzen des PET. Ihre Moleküle liegen locker nebeneinander und sind nicht miteinander verknüpft. Thermoplaste werden zunächst weich, bevor sie schmelzen. Sie lassen sich schmelzen und dann auch umformen.

Aufgabe 2:   Die Struktur der Thermoplaste bestimmt die Eigenschaften

	Thermoplaste
Strukturausschnitt	
Eigenschaften	- kettenförmige, lineare und wenig verweigte Moleküle - lassen sich schmelzen - plastisch verformbar - schweißbar
typische Beispiele aus dem Alltag	- Plasteflaschen (PET) - EC-Karte (PVC) - Frischhaltefolie (PE) - Legosteine oder Mausgehäuse (PS)

Themenkarte Station 2

Die Struktur bestimmt die Eigenschaften
Duroplaste

Unter Kunststoffen versteht man allgemein Werkstoffe, die aus organischen Makromolekülen aufgebaut sind. Nach ihrem Verhalten beim Erwärmen und ihrer Reaktion auf Druck und Zug unterteilt man Kunststoffe in drei große Gruppen: Thermoplaste, Duroplaste und Elastomere.

Steckverbindungen an elektrischen Kabeln werden oft sehr heiß, dürfen sich dabei aber nicht verformen. Kunststoffe, die diese Werkstoffeigenschaft besitzen, nennt man Duroplaste. Die Polymere eines Duroplasten sind über Elektronenpaarbindungen netzartig verknüpft und bilden praktisch ein einziges Molekül. Die vernetzte Struktur bleibt beim Erhitzen erhalten. Die Bindungen sind so fest, dass sie beim Erwärmen nicht aneinander vorbeigleiten können. Erst bei höheren Temperaturen werden die Elektronenpaarbindungen dieses Netzwerks gespalten. Der Kunststoff zersetzt sich und verkohlt. Duroplastische Werkstücke lassen sich daher auch nicht schmelzen und sind nicht plastisch verformbar und müssen ihre endgültige Form schon bei der Herstellung erhalten. Sie lassen sich jedoch anschließend durch Sägen, Bohren oder Schleifen mechanisch bearbeiten.

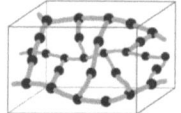   

Kunststoffe sind _____, die aus _____ aufgebaut sind. Nach den thermischen und mechanischen Eigenschaften unterscheidet man _____, _____ und _____.

Aufgabe 1: Die Eigenschaften eines Duroplasten

Versuch: **Erhitzen einer PET-Flasche und einer Probe eines Föhnaufsatzes**
Die untere Hälfte einer PET-Flasche und ein Probenstück eines Föhnaufsatzes werden gleichzeitig gleich stark erhitzt. Wenn die Flasche beginnt sich verformen, wird das Erwärmen der beiden Proben langsam abgebrochen. Beobachte den Unterschied.

Aufgabe 2: Die Struktur der Duroplaste bestimmt die Eigenschaften
Bereitet in eurer Gruppe einen kleinen Vortrag vor. Gestaltet für eure Präsentation ein Plakat.
Folgende Aspekte sollen genannt oder gezeigt werden:
- Strukturausschnitt eines Droplasten
- typische Eigenschaften von Duroplasten
- typische Beispiele aus dem Alltag
- kurze Beschreibung des Versuches und Ergebnis

Lösung Station 2

Kunststoffe sind **Werkstoffe**, die aus **Makromolekülen** aufgebaut sind. Nach den thermischen und mechanischen Eigenschaften unterscheidet man **Thermoplaste, Duroplaste** und **Elastomere.**

Aufgabe 1: Die Eigenschaften eines Duroplasten

Versuch 1: Erhitzen einer PET-Flasche und einer Steckdosenfassung

Erklärung: Polyethylenterephtalat (PET) ist ein glasklarer, farbloser **Thermoplast** und gehört heute zu den Kunststoffen mit den größten globalen Marktanteilen. Verwendung findet PET bevorzugt auf dem Flaschenmarkt und als Synthesefaser. PET ist zu 100% recyclebar: Die Getränkeflaschen lassen sich mehrfach benutzen, da sie leicht zu reinigen sind und zu neuen Flaschen wiederverwertet können.

Die lineare Struktur der Moleküle dieses Thermoplasten bedingt das Schmelzen des PET. Ihre Moleküle liegen locker nebeneinander und sind nicht miteinander verknüpft. Thermoplaste werden zunächst weich, bevor sie schmelzen. Sie lassen sich schmelzen und dann auch umformen.

Die engmaschig verzweigte Struktur der Moleküle der **Föhnaufsatzprobe** (Polyesterharz) ist das typische Merkmal eines **Duroplasten** und bedingt, dass sich das Gehäuse nicht schmelzen lässt. Die vernetzte Struktur bleibt beim Erhitzen erhalten. Die Bindungen sind so fest, dass sie beim Erwärmen nicht aneinander vorbeigleiten können. Erst bei höheren Temperaturen werden die Elektronenpaarbindungen dieses Netzwerks gespalten.

Aufgabe 2: Die Struktur der Duroplaste bestimmt die Eigenschaften

	Duroplaste
Strukturausschnitt	
Eigenschaften	- engmaschig, stark vernetzte Moleküle - nicht schmelzbar - zersetzen sich bei hoher Temperatur - hart und spröde - aus härtbaren Harzen entstanden
typische Beispiele aus dem Alltag	- Telefonzelle - Topf- und Pfannenstiele - Schutzhelme - Bootsrümpfe - Trommelstöcke

Themenkarte Station 3

Die Struktur bestimmt die Eigenschaften
Elastomere

Unter Kunststoffen versteht man allgemein Werkstoffe, die aus organische Makromolekülen aufgebaut sind. Nach ihrem Verhalten beim Erwärmen und ihrer Reaktion auf Druck und Zug unterteilt man Kunststoffe in drei große Gruppen: Thermoplaste, Duroplaste und Elastomere.

Reifen und Sitzpolster sollen weich und elastisch, aber doch fest sein. Sie werden aus Elastomeren hergestellt. Elastomere sind elastisch wie Gummi. Sie lassen sich dehnen oder zusammendrücken und federn schnell wieder zurück. Diese Stoffe geben äußerem Druck oder Zug nach, nehmen aber anschließend wieder ihre alte Form an. Die Struktur von Elastomeren ähnelt der von Duroplasten, da auch sie über Elektronenpaarbindungen netzartig verknüpft sind, Elastomere sind jedoch viel weitmaschiger vernetzt und verknäulen sich. Durch Zug werden die Molekülketten in die Länge gezogen, halten aber an den Vernetzungspunkten zusammen. Die Moleküle gleiten aneinander entlang. Lässt man den Kunststoff los, verknäulen sie sich wieder. Die Struktur wird nur vorübergehend gezerrt. Ist der Zug jedoch zu stark oder die Temperatur zu hoch, wird die Struktur zerstört. So zerreißt ein Gummiring, wenn man ihn zu sehr spannt oder bei einer Notbremsung qualmen die Reifen.

Struktur von Elastomeren –
Verhalten bei Druck und Zug

Kunststoffe sind _____, die aus _____ aufgebaut sind. Nach den thermischen und mechanischen Eigenschaften unterscheidet man _____, _____ und _____.

Aufgabe 1: Die Eigenschaften eines Elastomers

Versuch: **Luftballonspießchen**

Man bläst zwei Luftballons auf, lässt wieder etwas Luft heraus, so dass beide Ballons nichtganz prall gefüllt sind und verknotet sie einzeln oder verschließt sie mit einem Stück Bindfaden.

a) Mit einer dicken Nähnadel sticht man in die Seite eines der Luftballons ein.

b) Mit einer dicken Nähnadel durchsticht man den anderen Ballon nahe der verschlossenen Öffnung, zieht die Nadel wieder heraus und schiebt rasch den Schaschlikspieß nach, den man vorher mit dem geölten Tuch eingerieben hat. Man führt den Holzspieß durch den Luftballon bis zur gegenüberliegenden Seite und sticht den Ballon von innen durch.

Aufgabe 2:   Die Struktur der Elastomere bestimmt die Eigenschaften

Bereitet in eurer Gruppe einen kleinen Vortrag vor. Gestaltet für eure Präsentation ein Plakat.
Folgende Aspekte sollen genannt oder gezeigt werden:
- Strukturausschnitt eines Elastomeren
- typische Eigenschaften von Elastomeren
- typische Beispiele aus dem Alltag
- kurze Beschreibung des Versuches und Ergebnis

Lösung Station 3

Kunststoffe sind **Werkstoffe**, die aus **Makromolekülen** aufgebaut sind. Nach den thermischen und mechanischen Eigenschaften unterscheidet man **Thermoplaste, Duroplaste** und **Elastomere.**

Aufgabe 1: Die Eigenschaften eines Elastomeren

Versuch 1:   Lustballonspießchen

Erklärung: Luftballons bestehen aus Naturlatex, das heißt aus vulkanisiertem Naturkautschuk (Polyisopren), einem typischen Elastomer aus Makromolekülen, die weitmaschig miteinander verknüpft sind. Darin liegen die Polyisopren-Moleküle ungeordnet vor. Das Versuchergebnis beruht auf dem Herstellungsverfahren für Luftballons: Eine Luftballonform aus Metall wird in eine Dispersion von vulkanisiertem Naturlatex, Farbpigmenten und anderen Hilfsstoffen eingetaucht. Beim Herausziehen fließt die Dispersionsschicht auf der Form langsam nach unten, so dass die Schicht am unteren Ende der Form etwas dicker ist als auf der restlichen Form. Danach wird die Luftballonform mit der Dispersionsschicht in ein Bad aus Calciumsalzlösung gegeben, in welchem die Latexteilchen zu einem durchgehenden Film verkleben. Erst in der anschließenden thermischen Vulkanisation (Vernetzung) werden die hervorragenden Gummieigenschaften, z.b. hohe Elastizität erzeugt. Beim Aufblasen eines Luftballons werden die Makromoleküle gezwungen, sich vorzugsweise in der Ebene der dünnen farblich hellen Luftballonhaut zu orientieren. Die Dehnung des Materials beträgt dort bis 500%. Durch den Nadeleinstich wird die Maximaldehnung überschritten und der Ballon platzt: Die orientierten Makromoleküle entspannen sich spontan (nahezu geräuschlos). Die komprimierte Luft dehnt sich unter Erzeugung einer Druckwelle sehr schnell bis zum Erreichen des Außendrucks aus (Knall). An den verdickten farbintensiven Enden des aufgeblasenen Ballons wird nur eine Dehnung von 50% erreicht, sodass hier der Einstich mit einem Schaschlikspieß ohne Zerreißen des Ballons möglich ist.

Aufgabe 2:   Die Struktur der Elastomere bestimmt die Eigenschaften

	Elastomere
Strukturausschnitt	
Eigenschaften	- weitmaschig vernetzte Moleküle, verknäult - nicht schmelzbar - dehnbar - elastisch
typische Beispiele aus dem Alltag	- Reifen - Gummistiefel - Quietscheentchen - Ball

21

Zusatzstation

Superabsorber (Superabsorbent Polymers, SAP) werden Kunststoffe genannt, die in der Lage sind, ein Vielfaches ihres Eigengewichts an Flüssigkeiten (meist Wasser bzw. destilliertes Wasser) aufzusaugen. Diese Fähigkeit ist typisch für Polymere, die ionische Gruppen enthalten. Das wichtigste Superabsorbermaterial ist vernetzte Polyacrylsäure. Ihr Haupteinsatzgebiet ist in Windeln und Hygieneartikeln.

Superabsorber sind schwach vernetzte unlösliche Polymere, die in der Lage sind, ein Vielfaches ihres Gewichts an Wasser oder wässriger Lösung aufzunehmen. Dabei quellen sie stark auf, es entsteht ein Hydrogel.

Versuch: **Die Saugkraft eines Superabsorbers**

Lege auf eine Petrischale etwas Watte, auf die andere gibst du einen Messlöffel voll Superabsorber. Fülle nun den Messlöffel mit Wasser und gieße den gesamten Inhalt über die beiden Stoffe. Dann fülle den Esslöffel erneut mit Wasser und gieße wieder über Watte und Superabsorber. Drücke mit dem Finger auf beide Stoffe. Gieße mit dem Messlöffel so lange Wasser auf den Superabsorber, bis die Körnchen kein Wasser mehr aufnehmen können.

Die Struktur bestimmt die Eigenschaft

	Thermoplaste	Duroplaste	Elastomere
Strukturausschnitt			
Eigenschaften			
typische Beispiele aus dem Alltag			

Tafelbild

Tafel 1

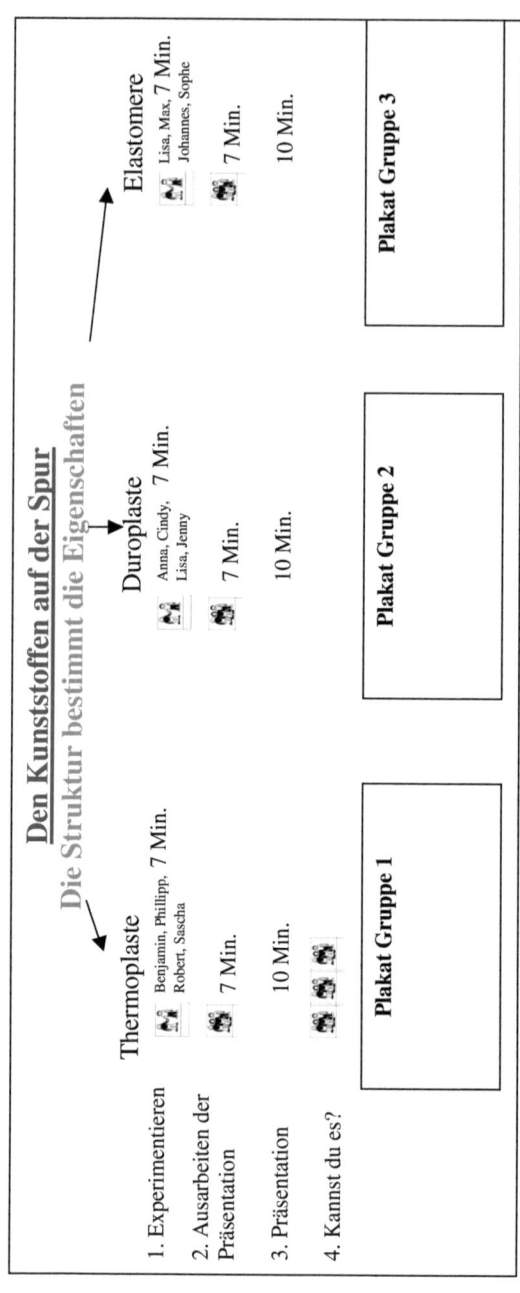

5 Literaturverzeichnis

Asselborn, W.: Chemie heute SII. Braunschweig: Schrödel 2009.

Brückmann, Jutta: Kunststoffe im Unterricht. Köln: Aulis Deubner 2008.

Demuth, R.; Parchmann, I.; Ralle, B.: Chemie im Kontext. Berlin: Cornelsen 2006.

Deutsche Kunststoff-Industrie AKI (Hrsg.): Kunststoffe – Werkstoffe unserer Zeit. Frankfurt/Main: Zarbock 2009.

Plastics Europe (Hrsg.): Kunos coole Kunststoff-Kiste. Fünf kleine Kunststoff(stücke) mit einem faszinierenden Werkstoff. Frankfurt/Main: Zarbock 2008.

Thüringer Kultusministerium (Hrsg.): Lehrplan für das Gymnasium. Chemie 1999.

Thüringer Kultusministerium (Hrsg.): Ziele und inhaltliche Orientierungen für die Qualifikationsphase der gymnasialen Oberstufe im Fach Chemie.

Unterricht Chemie: Pädagogische Zeitschrift. Moderne Kunststoffe. Hrsg. von Dietrich Büttner. Heft 1. Friedrich-Verlag 2003.